CONFÉRENCE

SUR LES

EAUX DU MONT-DORE

Faite aux membres
de la
Société des Sciences Médicales de Gannat
à l'occasion de leur visite
à l'Etablissement du Mont-Dore
le **17** juin **1900**

PAR LE DOCTEUR **J. NICOLAS**

Médecin consultant au Mont-Dore
(l'hiver à Nice)
Lauréat de l'Académie de Médecine

CLERMONT-FERRAND

TYPOGRAPHIE ET LITHOGRAPHIE G. MONT-LOUIS
Rue Barbançon, 2.

—

1900

CONFÉRENCE

SUR LES

EAUX DU MONT-DORE

**Faite aux membres
de la
Société des Sciences Médicales de Gannat
à l'occasion de leur visite
à l'Etablissement du Mont-Dore
le 17 juin 1900**

PAR LE DOCTEUR **J. NICOLAS**

Médecin consultant au Mont-Dore
(l hiver a Nice)
Lauréat de l Académie de Médecine

CLERMONT-FERRAND

TYPOGRAPHIE ET LITHOGRAPHIE G. MONT-LOUIS
Rue Barbançon, 2.

1900

CONFÉRENCE

SUR LES

EAUX DU MONT-DORE

MESSIEURS,

Au nom des médecins et des habitants du Mont-Dore, j'adresse des souhaits de bienvenue aux membres de la Société des Sciences Médicales de Gannat. Nous nous félicitons de voir réunie la plus ancienne société scientifique de province dans la plus ancienne des stations thermales.

L'exemple de durée et d'activité que donne votre Société, le Mont-Dore le

donne aussi. Il était connu des Gau-
lois, comme le prouvent les tuyaux
de bois silicifiés retrouvés dans les
fouilles; il a connu la splendeur des
édifices romains (vous allez dans un
instant en admirer les ruines); Si-
doine Apollinaire a donné en deux
mots les indications de ses eaux:
« *Phtisiscentibus medicabiles* »; il a
survécu aux invasions des Barbares,
aux troubles du moyen âge; il a retrouvé sa notoriété au XVIIIe siècle; et,
au commencement du XIXe, il s'est
renové sous l'impulsion de Michel
Bertrand.

C'est une grande figure médicale,
Messieurs, que celle de Michel Bertrand. On peut dire de lui qu'il fut
le fondateur du Mont-Dore: c'est lui
qui inspira à l'architecte Ledru l'établissement thermal; c'est lui qui dé-
veloppa l'initiative des habitants; c'est
lui qui fit connaître au monde médical
les propriétés de nos eaux dans un
livre qui est une œuvre admirable

d'observation et de sens clinique. On a beaucoup ajouté depuis aux *Recherches* de Michel Bertrand, publiées en 1823 ; on n'a rien à y retrancher encore aujourd'hui.

En venant des départements voisins, vous avez pu vous rendre compte, Messieurs, de l'élévation de notre station au-dessus des pays environnants ; vous avez atteint 1,050 mètres d'altitude. Le Mont-Dore est encaissé dans une vallée étroite, fermée au sud par le pic du Sancy, au nord par le Puy-Gros, à l'est par la montagne de l'Angle, à l'ouest par celle du Capucin. Cette situation le met à l'abri des vents qui soufflent le plus souvent sur le Plateau Central, le vent d'ouest et le vent d'est, et en tempère le climat.

Situation du Mont-Dore

Le climat, c'est celui des pays d'altitude dont Jourdanet a été le premier à décrire les effets.

La circulation s'active ; la peau se congestionne et diminue d'autant l'afflux sanguin au poumon, comme le pense le professeur Jaccoud. Le nombre des globules sanguins augmente, et cette augmentation constatée dans d'autres régions élevées est encore plus sensible ici chez ceux qui suivent le traitement thermal ; les numérations de globules que, le docteur Schlemmer et moi, nous avons faites d'après le procédé de Hayem, nous ont généralement indiqué une augmentation d'un 1/2 million à un million d'hématies par millimètre cube.

Les sueurs pathologiques diminuent.

La respiration, accélérée pendant les premiers temps du séjour dans les altitudes afin de compenser la densité moindre de l'air, ne tarde pas à reprendre sa fréquence normale et supplée bientôt à la désoxygénation de l'air par la profondeur des inspirations.

Ainsi sont mises en jeu les régions

du poumon que le professeur Jaccoud qualifie de paresseuses. Et de cette gymnastique respiratoire inconsciente, méthodique, régulière et constante, résulte bientôt une augmentation de la capacité respiratoire des malades, augmentation que j'ai notée au Mont-Dore dans un mémoire publié en 1883.

Elle se produit aussi bien sur les emphysémateux que sur les tuberculeux ; les uns et les autres ont un affaiblissement de la puissance respiratoire ; leur en rendre l'intégrité ou la plus grande partie, c'est attaquer leur maladie dans ses effets les plus pénibles et accroître leur résistance vitale.

C'est dans ce milieu éminemment propice, constituant à lui seul une médication qu'on va souvent chercher en Suisse ou au Tyrol, qu'émergent nos sources thermales.

Leur débit est remarquable : 900,000 litres par jour ; et elles ont une qualité importante, celle de jaillir à la surface

Débit des sources. L'Établissemen

du sol, au lieu d'y être amenées, comme
dans d'autres stations moins privilé-
giées, par une série de puisages sus-
ceptibles d'altérer la thermalité et les
autres propriétés physiques des eaux.
Si important est cet état naissant de
l'eau minérale que les médecins du
Mont-Dore ont tenu à ce que l'eau fût
utilisée aux points mêmes où elle
s'échappe du sol, et ceci vous expli-
quera l'aménagement de l'Etablissement. Si la superposition des étages
vous semblait une imperfection, vous
vous rappelleriez qu'elle a été voulue,
et que le principe d'utiliser les sources
à leur émergence a présidé à l'édifica-
tion de nos thermes si habilement et
si artistiquement restaurés par M.
Camus.

inéralisation des eaux. Les sources du Mont-Dore ont une
température qui varie pour chacune
d'elles de 41° à 46°. Leur saveur légè-
rement astringente n'a rien de désa-
gréable. Analysées par M. Lefort,
elles n'ont révélé qu'une faible miné-

ralisation (2 grammes en tout) dont les éléments principaux sont :

L'acide carbonique à la dose de 1 gramme environ ;

La silice à la dose de 0, 16 centigrammes ;

L'arsenic à la dose de 1 milligramme.

Aussi les hydrologistes, hésitant à choisir dans cette minéralisation le principe dominant, ont tour à tour classé les eaux du Mont-Dore dans les *indéterminées*, à côté de Néris et de Sail, dans les *carbonatées*, dans les *silicatées*, dans les *arsenicales*.

Cette dernière classification chimique a été soutenue principalement par un ancien médecin-inspecteur du Mont-Dore, Richelot, dont je suis heureux de saluer ici la mémoire, en raison de la dignité de sa vie, de l'encouragement donné par lui à mes débuts, et du bien qu'il a fait à notre station par ses publications. Pour soutenir sa thèse, Richelot se basait sur

Classific des eau

l'analogie existant entre l'action de
l'arsenic et celle des eaux du Mont-
Dore : même emploi dans les maladies
des voies respiratoires et dans les
affections rhumatismales ; mêmes effets
sur la respiration, la circulation, la
digestion, sur le fonctionnement des
muqueuses, sur les sécrétions. Il atta-
chait en particulier une grande importance à certaines éruptions de la
peau, observées par lui sur des malades en cours de traitement ici et
identiques à celles produites par la sa-
turation arsenicale.

« Le Mont-Dore est arsenical puis-
qu'il agit à la façon de l'arsenic ».
Avec cette formule, Richelot fit la
fortune du Mont-Dore parce qu'elle
enseignait aux praticiens la nature des
eaux en même temps qu'elle en gravait
dans leur mémoire les indications.

Mais l'opinion de Richelot ne tarda
pas à soulever à la Société d'hydrologie de Paris, en 1873, les réclama-
tions des médecins d'une station voi-

sine qui, possédant dans leurs eaux
une minéralisation arsenicale plus importante, cherchèrent à éliminer le
Mont-Dore de la classe des eaux arsenicales.

Je n'insisterai pas sur ce débat, et
sacrifiant une partie de la formule de
Richelot, je me contenterai de vous
répéter ce renseignement clinique : *Le
Mont-Dore agit à la façon de l'arsenic.*

Le classement de nos eaux parmi
les *siliceuses*, réclamé par mon ami le
docteur Schlemmer au dernier Con-
grès d'hydrologie, est une opinion
digne qu'on s'y arrête. La silice est en
effet le principal agent minéralisateur
des sources du Mont-Dore, et les 16
centigrammes par litre que contiennent
nos eaux placent celles-ci en tête du
groupe des silicatées (Sail, Néris,
etc.), longtemps mises au rang des indéterminées.

La silice, les silicates alcalins, sont
des antiseptiques de premier ordre,

comme l'ont montré les travaux de
Marc Sée, Dubreuilh, Gonthier, Picot,
J. Félix. Leur influence contre l'arthritisme a été mise en évidence par
Gigot-Suard, Pétrequin, Socquet, Béranger, Hugues. N'est-ce pas une raison pour croire avec le docteur Félix
(de Bruxelles) à l'efficacité des eaux
silicatées dans les affections microbiennes, les catarrhes et les troubles
organiques dus à l'arthritisme ?

Une eau minérale est un alliage.

Je ne prendrai parti pour aucune
classification , ne voulant attacher
aucune importance à tel ou tel principe
chimique *isolé*. Une eau minérale doit
être considérée comme un *alliage*.
L'absence ou la présence d'un corps
et sa variation en quantité suffisent à
modifier la composition et les qualités
d'une eau minérale comme celle d'un
alliage, sans que rien puisse faire prévoir à l'avance le résultat à obtenir.

Entre le bronze des canons et le
bronze des cymbales ou des cloches,
il n'existe qu'une différence de 10

pour 100 d'étain en plus dans celui des cymbales et des cloches, et cette faible variation suffit à donner à ce dernier la sonorité, et à celui des canons la résistance.

Laissez-moi emprunter encore un autre exemple à la métallurgie. Le fer est un corps résistant, mais malléable, sans élasticité marquée. Si on le combine à une faible proportion de carbone (2 ou 3 pour 100), on obtient l'acier, qui, trempé, devient extrêmement dur et possède une grande élasticité. Ces nouvelles propriétés sont évidemment dues à la présence du carbone. On pourrait croire qu'une proportion plus grande de carbone les accentuera : erreur ! 2 pour 100 de plus de carbone combinés au fer vont produire la fonte qui se prêtera aux moulages, mais sera cassante et dépourvue d'élasticité.

N'attribuons donc pas trop d'importance à la richesse minérale d'une eau, et ses vertus à tel corps en particulier.

La Bourboule n'est pas plus active parce qu'elle a plus d'arsenic, ou le Mont-Dore parce qu'il possède plus de silice : ce sont des eaux *différentes* par la combinaison de leurs éléments. Les métaux que nous ne savons pas encore doser, dont nous négligeons l'influence, jouent peut-être dans le groupement moléculaire des minéraux de l'eau un rôle prépondérant dont nous ne nous doutons pas. Connaît-on l'action de présence du cœsium ou du rubidium, signalés par mon confrère et ami Joal, dans les eaux du Mont-Dore? Savons-nous leurs propriétés thérapeutiques ?

La métallurgie nous donne encore une leçon à ce sujet. Un dixième de chrome suffit à modifier la trempe, la cassure, la résistance des aciers du Creusot. Le tungstène, à des doses aussi faibles, produit des effets analogues.

Cessons donc de faire appel à la chimie pour juger d'une eau minérale;

cessons d'examiner la richesse des éléments d'une eau pour en induire son activité plus ou moins grande. Repoussons toute classification chimique et n'admettons que les classifications cliniques. Les eaux minérales ont encore trop d'inconnues : leur réactif n'appartient pas au laboratoire ; leur réactif, c'est l'organisme humain.

Après ces préliminaires généraux, nous allons entrer, Messieurs, dans le vif de la question, nous allons examiner les divers modes d'administration des eaux du Mont-Dore et leur action sur l'économie.

Qu'elles s'appellent Madeleine, César, Bardon, Ramond, etc., les sources du Mont-Dore présentent seulement de légères différences dans leur teneur en acide carbonique, en fer, en lithine, en arsenic, en silice. On peut les considérer comme à peu près identiques dans leur action. Le médecin consultant au Mont-Dore a seul intérêt à connaître leur appropriation spéciale aux diverses formes morbides et aux idiosyncrasies.

L'eau est administrée aux malades sous forme de boisson, d'inhalations, de pulvérisations, de bains, de douches, d'irrigations nasales, de douches carboniques, de bains de pieds, etc. Je vais vous entretenir de chacune de ces applications du traitement thermal en vous en signalant rapidement le mode d'action.

u en boisson. Quand vous vous approcherez des sources pour y goûter, vous remarquerez, Messieurs, à leur surface, une couche irisée qui n'est autre que de la silice, et les verres qu'on vous tendra vous frapperont par leur aspect dépoli. Si vous examinez de près ces verres, vous les verrez recouverts d'une incrustation de nature siliceuse, difficile à enlever, mais qu'on peut rayer facilement avec un couteau. A l'époque où l'acide fluorhydrique a été préconisé dans le traitement de la tuberculose pulmonaire, un médecin du Mont-Dore a émis l'idée que nos eaux contenaient du fluor, et que les taches des verres étaient dues à l'action de ce gaz. Cette théorie n'est pas soutenable : l'acide fluorhydrique produit sur le verre des *érosions*, tandis que nous sommes en présence de véritables *incrustations*. Les recherches de deux éminents chimistes de Clermont, M. Parmentier, professeur à la Faculté des sciences, et M. Huguet, professeur à l'Ecole de médecine, ont fait justice des hypothèses du médecin mont-dorien, en ne révélant aucune trace de fluor dans les eaux du Mont-Dore, ni dans les gaz qui s'échappent des sources.

En revanche, M. Parmentier a signalé dans les gaz la présence de l'argon, ce corps nouveau, si longtemps confondu avec l'azote. Et ceci m'amène à vous parler sans transition, Messieurs, d'une propriété étonnante des eaux du Mont-Dore, je veux dire

de leur affinité pour l'oxygène. Elle a
été observée par le docteur Coignard
(de Vichy) et un de vos collègues aussi
savant que modeste, M. Bretet, phar-
macien à Vichy. Je regrette de ne
pouvoir vous citer leurs expériences
que de mémoire et de vous apporter
seulement des chiffres approximatifs.
Versant dans des bocaux d'égal dia-
mètre, largement ouverts à l'entrée
de l'air, un litre d'eau distillée, un litre
d'une solution alcaline bicarbonatée
se rapprochant de la composition des
eaux de Vichy, un litre d'eau de Vichy,
de Cusset, de la Bourboule, du Mont-
Dore, ils ont reconnu que si l'eau
distillée dissolvait 40 à 50 millièmes
de son volume d'oxygène, les eaux
minérales en fixaient une quantité
beaucoup plus grande, et que de toutes,
la moins dense, l'eau du Mont-Dore,
était la plus avide d'oxygène, qu'elle
en dissolvait dix fois plus que l'eau
distillée.

L'eau du Mont-Dore, quand elle a

pénétré dans le sang, doit conserver cette affinité pour l'oxygène, et c'est peut-être là un de ses modes d'action, une des raisons de son activité.

On la prend en boisson à des doses progressives qui dépassent rarement trois verres, et généralement le matin, à jeun, entre les différentes pratiques du traitement. Celles-ci, en activant la circulation et les sécrétions sudorales, favorisent l'absorption et l'assimilation de l'eau.

Depuis longtemps j'administre rarement l'eau dans l'après-midi : l'expérience m'a prouvé qu'un grand nombre de nos malades, aux digestions lentes, présentent de la diarrhée quand ils absorbent de l'eau chaude avant la complète évacuation de l'estomac ; et je m'en tiens à la pratique de la boisson réservée à la matinée, pratique qui était celle de Michel Bertrand et d'Etienne Chabory.

L'eau du Mont-Dore apporte à la sécrétion du suc gastrique une modi-

Action sur l'estom

fication fort curieuse, révélée par les
nombreuses analyses de la sécrétion
stomacale faites par un membre de
votre Société, le Dr Ranglaret (de
Moulins), comme stagiaire de l'Académie de médecine aux eaux minérales. Notre distingué confrère a établi
que, pendant les premiers quinze jours
d'une cure au Mont-Dore, l'eau minérale déterminait une augmentation de
l'acide chlorhydrique dans l'estomac
des malades hypochlorhydriques, et
ramenait les hyperchlorhydriques au
taux normal d'acidité.

Cette action est plus rapide et plus
marquée dans le premier cas que
dans le second, et nous en sommes
heureux, car l'hypochlorhydrie est
plus fréquente que l'hyperchlorhydrie
chez les malades qui réclament nos
soins. Je n'ai pas besoin de vous
rappeler que le défaut d'acide chlorhydrique dans l'estomac est le fait
des nutritions languissantes, et qu'on
le rencontre chez le plus grand nombre

des tuberculeux. Les travaux de M.
Ranglaret nous ont expliqué l'augmentation de l'appétit chez nos malades, leurs digestions plus promptes,
l'assimilation plus complète de leurs
aliments, et finalement le relèvement
de la nutrition qui se traduit habi-
tuellement chez nos tuberculeux par
l'engraissement.

Les sécrétions intestinales sont
plutôt diminuées ; la constipation est
fréquente chez nos malades. Elle est
plus facile à vaincre et moins dange-
reuse que la diarrhée, si souvent déterminée par des eaux plus minéralisées qui provoquent ainsi chez les
tuberculeux une nouvelle cause d'amai-
grissement et d'affaiblissement.

Action sur l'intestin

Loin d'augmenter les sueurs noc-
turnes des tuberculeux, la cure du
Mont-Dore les fait disparaître. Mon
excellent confrère Cazalis attribuait
cette modification, en dehors du relèvement organique des malades, à la
déviation des sueurs par le traitement

Action sur les sueurs

externe du Mont-Dore, vapeurs in-
halées ou bains.

*Action
sur les reins.* Les sécrétions urinaires subissent
sous l'influence de l'eau prise en
boisson et des autres pratiques hydriatiques de notables changements.
Dans la première semaine de la cure,
les urines sont moins abondantes;
dans la seconde semaine, elles laissent
déposer une grande quantité d'acide
urique ou d'urates, ce qui a fait dé-
signer par notre vénéré doyen, le
Dr Mascarel, cette période du traitement sous le nom de « semaine des
sables »; après quinze jours, elles deviennent généralement abondantes et
limpides.

C'est dans la période des sables
que, pour activer la diurèse, on pres-
crit souvent aux repas l'eau de la
source Félix, du Genestoux (commune
du Mont-Dore). Cette source, *différente* de celles de l'Etablissement et
placée sous l'administration de notre
confrère Léon Chabory, contient par

litre environ 1 gr. 50 de bicarbonates de soude et de chaux, 2 gr. 60 de chlorure de sodium, 3 centigrammes de bicarbonate de lithine, et mériterait par son action sur le rein et sur le foie le surnom de *Vittel d'Auvergne.*

Je ne croirais pas vous avoir édifiés complètement sur les modifications des urines par l'eau du Mont-Dore, si je ne vous signalais les expériences de mon confrère et ami Percepied qui a noté la diminution de l'excrétion de l'azote en urée et acide urique, et l'augmentation de certaines matières minérales, notamment de la magnésie.

Le sucre baisse et même disparaît chez les diabétiques. A l'exemple de MM. Geay et Schlemmer, je l'ai remarqué plusieurs fois chez les diabétiques phtisiques.

C'est sur l'appareil respiratoire que l'eau du Mont-Dore (et quand je parle de l'eau je ne puis pas isoler nettement les effets de l'eau en boisson de ceux qui sont attribuables à l'ensem-

Action sur les poumons.

ble des pratiques thermales) exerce
sa principale influence.

Au début du traitement, la sécrétion bronchique est toujours augmen-
tée, et comme conséquence, la toux
est souvent plus fréquente. Ce stade
d'hypersécrétion s'accompagne à l'auscultation de râles humides plus nom-
breux, et variables suivant les malades. Ils affectent souvent le type du
râle sous-crépitant fin, et apparaissent
à la périphérie des lésions pulmonaires, et même dans des points du
poumon qu'on pouvait croire in-
demnes. Ils deviennent alors révéla-
teurs de la maladie et de sa localisa-
tion.

Je ne saurais mieux les comparer
qu'aux râles consécutifs à une injection de la première tuberculine de
Koch. Quelques-uns d'entre vous,
Messieurs, ont dû essayer l'emploi de
la fameuse lymphe : tous vous avez lu
le compte rendu de son action, et
vous vous souvenez qu'après quelques

heures l'injection de tuberculine provoque, avec de la bronchorrée, l'apparition de râles crépitants dans les zônes du poumon déjà reconnues tuberculeuses et même en des points où aucun signe ne révélait l'existence de la maladie.

Il en est de même chez les tuberculeux que nous soignons au Mont-Dore ; mais là s'arrête la comparaison. Après l'injection de Koch la réaction s'établit avec un état de fièvre ; au Mont-Dore, la fluxion pulmonaire est complètement apyrétique.

En employant ce terme de *fluxion*, je tiens bien à le dégager de toute similitude avec la *congestion*. L'eau du Mont-Dore n'attire pas le sang au poumon, au contraire ; bien différente en cela des sources des Eaux-Bonnes dont je ne nierai pas la valeur dans certains catarrhes, mais qui provoquent fréquemment chez les tuberculeux des hémoptysies.

Le Dr Jules Mascarel a eu le mérite

d'établir le premier entre les Eaux-Bonnes et les eaux du Mont-Dore ce parallèle tout entier à l'avantage de celles-ci, de faire avouer aux médecins des stations sulfureuses, dans la personne de M. Pidoux, l'action congestive du soufre, son influence provocatrice des hémoptysies et de la fièvre.

Le crachement de sang, on ne saurait trop le répéter, est une rareté pendant la cure au Mont-Dore, et ne reparaît presque jamais, après le traitement à nos eaux, chez les malades qui y étaient primitivement sujets. Le Mont-Dore est donc particulièrement indiqué pour les hémoptoïques et les fébricitants.

Au stade d'hypersécrétion succède, vers la fin de la cure thermale, un stade d'assèchement des muqueuses respiratoires : les crachats, devenus plus aérés, plus blancs, diminuent en quantité et chez certains sujets disparaissent complètement.

Au premier rang des modificateurs Eau en vapeurs.
bronchiques on doit placer les inhalations des vapeurs d'eau minérale, qu'on
appelle au Mont-Dore les *aspirations*.
C'est de notre station qu'est parti ce
mode de traitement répandu aujour-
d'hui dans plusieurs établissements
thermaux de France et de l'étranger.

Le procédé de fabrication de ces vapeurs n'est pas indifférent à leur activité. Avec cette conception fausse
qu'un produit est d'autant plus actif
qu'il est plus minéralisé, on s'est in-
génié dans d'autres stations à poudroyer l'eau minérale. Je vous rappel-
lerai que la pénétration de la poussière
d'eau au delà du larynx a été une
question très controversée, et qu'il est
à peu près prouvé que cette poussière
ne dépasse pas le larynx. C'est ce qui
peut arriver de plus heureux aux malades, car vous n'ignorez pas la facilité
d'absorption des poumons pour l'eau,
et vous saisissez immédiatement le
danger qu'il y a à faire assimiler par

la voie pulmonaire une quantité d'eau
considérable, impossible à doser, dé-
passant probablement plusieurs litres.

Cette absorption indéterminée, in-
définie, de l'eau par les poumons les
excite violemment et motive de leur
part une réaction violente.

Toute autre est l'action des inhalations du Mont-Dore, parce que toute
autre est leur constitution. Ici l'eau
n'est pas poudroyée, elle est vapo-
risée.

L'eau minérale est mise en ébulli-
tion dans un cylindre à l'aide de vapeur à haute pression. La vapeur
qu'elle dégage se détend dans un appareil spécial garni, lui aussi, d'eau
minérale qui se trouve à son tour
volatilisée ; et elle est envoyée dans
les salles d'aspiration.

Composition des vapeurs. La première partie de l'opération
ne fournit pas, comme on pourrait le
croire, de la vapeur industrielle vul-
gaire. Les bicarbonates alcalins de
l'eau, décomposés par la chaleur,

donnent dans les vapeurs une proportion notable d'acide carbonique ;
et en dehors de sa valeur médicamen-
teuse propre, cet acide carbonique
possède le privilège d'entraîner avec
lui des particules solides des corps
auxquels il est associé ou mélangé
(arsenic, soude, fer, etc.). Un chi-
miste distingué, M. l'ingénieur Lecacheux, attaché à la Compagnie des
mines de Fourchambault-Commen-
try, a démontré que la distillation
d'une solution contenant en même
temps divers principes minéraux et de
l'acide carbonique, ne produisait jamais de la vapeur d'eau pure, et qu'on
retrouvait toujours dans les produits
de la distillation des particules minérales dont la présence ne s'expliquait
pas par la sublimation et reconnais-
sait pour seule cause l'entraînement
mécanique par l'acide carbonique.

La seconde partie de l'opération
renforce la richesse minérale des vapeurs : il n'y a donc rien d'étonnant

à ce que Thénard, Pierre Bertrand et M. Lecacheux aient retrouvé dans leur eau de condensation du fer, de la soude, de l'arsenic.

Sans vouloir nier l'importance de ces principes minéralisateurs, j'en attribue une plus grande à la vapeur d'eau et à l'acide carbonique qui constituent avec l'air l'atmosphère de nos salles d'inhalations, cet épais brouillard chaud où nos malades vivent chaque jour une demi-heure à une heure.

La vapeur d'eau chaude agit sur les voies pulmonaires comme un bain; elle les nettoie, elle les calme. En diluant les crachats des malades, elle permet à ceux-ci de s'en débarrasser plus facilement; elle atténue ensuite le spasme bronchique.

L'acide carbonique a été recherché et dosé pour la première fois par moi dans les anciennes salles d'inhalations du Mont-Dore. J'en ai trouvé quinze fois plus que dans l'air, c'est-à-dire 65 dix-millièmes par litre.

Le docteur Schlemmer, ayant fait reprendre mes expériences, par un professionnel de la chimie, en a trouvé 80 dix-millièmes. M. Tamy, ingénieur, directeur de l'Etablissement, a reconnu que l'emploi des nouvelles chaudières et l'agrandissement des salles d'inhalations n'avaient pas modifié ces proportions.

Que l'on adopte l'un ou l'autre chiffre, on peut évaluer à 3 ou 4 litres la quantité d'acide carbonique absorbée par un malade séjournant trois quarts d'heure à une heure dans les salles d'inhalations, et y respirant 18 fois par minute, avec une capacité de 500 centimètres cubes par aspiration,

C'est la dose recommandée par le docteur Bergeon (de Lyon) dans sa méthode des lavements gazeux; c'est la dose active de l'acide carbonique.

Ce gaz est d'abord un stimulant des mouvements respiratoires et de la sécrétion bronchique, comme l'ont démontré Brown-Séquard, de Cyon,

Frédéricq, etc.; puis, après avoir fa-
vorisé l'expectoration, il devient anes-
thésique, il calme la toux, et modère
la circulation.

Ainsi s'explique le bien-être res-
senti par nos asthmatiques et nos tuberculeux, pendant et après leur
séjour aux salles d'inhalations, bien-
être tel, que malades et médecins consi-
dèrent les inhalations comme une des
parties les plus importantes du traitement, et que, sauf des contre-indications exceptionnelles, il n'y a pas au
Mont-Dore de cure sérieuse sans fré-
quentation des salles de vapeurs.

Innocuité des salles communes d'aspiration.

Il fallait toute la valeur de cette pratique hydriatique pour qu'elle résistât
aux attaques de certains médecins,
aussitôt après la découverte du bacille
de Koch et de la contagion de la tuberculose. En 1884, M. Vallin les
condamnait à la Société médicale des
hôpitaux de Paris; le professeur Ter-
rier, le docteur Notta, exprimaient
leurs appréhensions au sujet de la

contamination possible des malades,
les uns par les autres, dans des salles
communes.

A ces critiques on pouvait opposer
l'opinion du professeur Grancher, af-
firmant, en 1886, à la Société de médecine publique (après de multiples
expériences), que l'air respiré par les
phtisiques n'avait jamais communiqué
la tuberculose.

On pouvait rappeler qu'aucun fait
de contagion n'avait été constaté parmi
les médecins ou le personnel de l'Etablissement du Mont-Dore en contact
continuel avec les malades; et pour
dissiper toutes les craintes, il aurait
suffi de faire remarquer que la dessi-
cation des crachats et leur diffusion
étaient rendus impossibles par l'atmosphère humide des salles.

Mais j'ai tenu à demander à l'expé-
rimentation de nouvelles preuves de
l'innocuité de nos salles d'inhalations.
Après avoir recueilli sur le sol et les
murs les produits de la condensation

des vapeurs, je les ai injectés, dans le péritoine, à des cobayes ; aucun d'eux, n'est devenu tuberculeux, et vous pouvez croire aux résultats de leur autopsie, elle a été faite par le plus éminent des anatomo-pathologistes, le professeur Cornil.

Les bouillons de culture, ensemencés avec le produit de l'essuyage des murs, n'ont pas davantage révélé le microbe tuberculeux, que l'expérience ait été faite au laboratoire du professeur Cornil, ou à celui du professeur Grancher sur l'intervention de M. Schlemmer.

Le danger de propagation de la tuberculose dans les salles d'inhalations ne doit donc éveiller aucune crainte dans l'esprit des malades et des médecins. Cette conclusion de mes recherches a reçu l'approbation de MM. Hérard, Cornil et Hanot, dans leur *Traité de la phtisie pulmonaire*.

Pulvérisations. Dans certaines salles d'aspiration, vous pourrez voir des appareils destinés à poudroyer l'eau minérale. Cela constitue les pulvérisations employées dans les maladies du pharynx et du larynx comme médication topique.

Après les salles d'inhalations, la partie la plus originale, la plus caractéristique de la cure mont-dorienne, réside dans les *bains hyperthermaux*, désignés parfois aussi sous le nom de *bains romains*.

Bains hyperthermaux.

Ces bains sont constitués par des sources spécialement affectées à cet usage (sources de Saint-Jean ou du Pavillon pour les hommes, et de la galerie Pasteur pour les dames), et dont la température varie de 41 à 44 degrés

Les malades n'y sont jamais immergés en entier; ils s'y plongent seulement jusqu'à la base de la poitrine; et n'y restent pas plus de 6 à 10 minutes.

Ils sont ainsi soumis à l'action d'une eau à température constante, pourvue de toutes les qualités attachées à l'état naissant.

C'est dans les bains du Pavillon, que Scoutetten a constaté l'état électrique des eaux minérales. Ayant observé que des liquides semblables aux eaux du Mont-Dore par la minéralisation artificielle et la température ne produisaient pas les mêmes déviations de l'aiguille du galvanomètre, il en a conclu à une électricité spéciale aux eaux minérales et a basé sur cette propriété physique toute une théorie de leur action.

En entrant dans ces bains hyperthermaux, les malades éprouvent généralement, pendant quelques secondes, de l'anxiété, du spasme respiratoire; mais cette impression ne dure guère. La chaleur paraît rapidement supportable, et la respiration ne tarde pas à recouvrer son ampleur normale. Puis la tête et la partie supérieure du corps se couvrent d'une sueur qui ne cesse pas à la sortie du bain.

Si les malades sont envoyés ensuite aux inhalations, cette transpiration se continue et s'exagère ; s'ils rentrent immédiatement au lit, elle se maintient quelques instants, puis s'affaiblit graduellement et les laisse dispos pour tout le jour.

Au sortir du demi-bain la peau du ventre et des membres inférieurs est généralement rouge : cela indique suffisamment l'action révulsive de cette pratique thermale. La dérivation du sang, la production de sueurs, modifient la circulation et l'innervation du poumon, et, sous cette influence, disparaissent souvent la congestion périphymique, les stases sanguines, les indurations pulmonaires consécutives à d'anciennes affections des voies respiratoires.

Moyen thérapeutique puissant, différent dans ses résultats suivant qu'il est administré seul ou suivi d'une séance d'aspiration, le bain hyperthermal produit d'excellents effets chez les tuberculeux, dans la pneumonie chronique, et chez les bronchitiques à catarrhe abondant. Sauf chez ces derniers malades, ma pratique personnelle tend de plus en plus à prescrire le demi-bain sans inhalation consécutive. '

La prédisposition aux hémoptysies et aux métrorrhagies, l'artério-sclérose, les lésions valvulaires du cœur, l'état fébrile, etc., sont, d'une façon générale, une contre-indication à l'emploi de ces bains, dont l'administration opportune exige de la part du médecin une observation exacte du malade, de la prudence, et du sens clinique.

Après cet exposé des pratiques hydratiques qui constituent le fondement et l'originalité de la médication mont-dorienne, vous me permettrez, Messieurs, d'être bref sur les autres modes de traitement dont on trouve l'analogue ou l'équivalent dans la plupart des stations thermales.

Le temps n'est plus où le plus célè-
bre des hydrologistes français, Max
Durand-Fardel, considérait une cure
thermale sans bains comme presque
« irrationnelle ». Les bains tempérés,
encore très en honneur au Mont-Dore
à l'époque où je m'y suis fixé, il y a
vingt ans, sont d'un usage de plus en
plus restreint. Ils méritent cependant
d'être employés chez certains sujets
éréthiques, et ils constituent un
complément important de la cure,
lorsqu'aux affections des voies respiratoires viennent se joindre des affections du tube digestif et du foie,
des maladies de la peau et de l'utérus.

L'abandon progressif des bains tempérés au Mont-Dore n'est que le reflet
de la défaveur qui les frappe dans toutes
les stations thermales. Sénac l'a signa-
lée à Vichy, où l'on donnait 161,000
bains en 1860 à une population de 12,000
baigneurs, tandis qu'on en administrait
seulement 150,000 en 1880 aux 37,000
baigneurs inscrits à l'Établissement.

Bains
tempérés.

Dans ce laps de temps l'usage des douches avait bénéficié de l'abandon des bains et avait plus que doublé. Les mêmes tendances thérapeutiques se sont montrées ici avec quelques différences toutefois.

Douches froides.
Douches chaudes.

Ce ne sont pas en effet les douches froides qui ont le plus augmenté, comme à Vichy. Si bien administrée qu'elle puisse l'être ici, l'hydrothérapie froide ne convient qu'à un nombre restreint de nos malades. Nous ne devons pas oublier qu'ils sont presque tous des arthritiques, et qu'à la plupart d'entre eux l'eau froide ne réussit pas. En vain le professeur Brissaud a-t-il préconisé les douches froides aux asthmatiques, dans son *Hygiène des asthmatiques*, les malades continueront ici l'emploi des douches chaudes, parce que ce sont les seules dont ils se trouvent bien.

Un bien-être immédiat, voilà, en effet, ce qu'accusent les emphysémateux et les asthmatiques après une douche chaude sur le thorax. Quand leur poitrine, leurs épaules et leur dos ont été fouettés pendant cinq à huit minutes par l'eau chaude, ces malades sentent leur respiration plus ample, plus facile. Ce n'est pas là, Messieurs, une sensation purement subjective ; elle répond à une ampliation véritablement plus grande de la respiration,

Si on ausculte les malades immédiatement avant et après la douche, on constate que le murmure vésiculaire, souvent à peine sensible avant, devient beaucoup plus net après, preuve indubitable de la pénétration plus facile de l'air dans les poumons.

Le spiromètre confirme l'auscultation. En 1888, j'ai mesuré dans ces conditions la respiration d'un certain nombre d'emphysémateux et d'asthmatiques, et chez des personnes qui présentaient, suivant leur taille et le degré de leur maladie, 3,500, 2,500, 1,800, 1,500, 1,100 centimètres cubes de capacité respiratoire, j'ai pu constater, après la douche, 3,900, 2,800, 2,100, 1,800, 1,300 centimètres cubes de respiration, c'est-à-dire une augmentation à peu près constante de 300 à 400 centimètres cubes.

Le massage du thorax, ou les frictions pratiquées sur lui à l'aide d'un gant de flanelle, déterminent également, mais d'une façon moins prononcée, une augmentation de la capacité respiratoire ; aussi, est-on en droit de conclure que, en dehors de son action révulsive, la douche chaude est surtout, comme les frictions ou le massage, un stimulant de la contractilité des muscles qui s'attachent au thorax. Ces muscles, l'emphysémateux et l'asthmatique y font appel pour faire pénétrer dans leur poitrine la plus grande quantité possible d'air. En augmentant leur énergie, la douche chaude finit par déterminer une augmentation durable de la capacité respiratoire, et, partant, une compensation à la diminution de l'hématose chez les malades. — J'ai attiré l'attention médicale sur ce point il y a plusieurs années. L'expérience journalière confirme mon opinion.

Mais, autant la douche est utile dans l'asthme et l'emphysème, autant elle est à redouter chez les tuberculeux et les sujets suspects, chez qui elle est capable de provoquer des congestions ou de hâter le ramollissement pulmonaire.

Parmi les douches chaudes doivent trouver place les douches de vapeur qui rendent les plus grands services dans les rhumatismes, les névralgies et certains accès d'asthme.

Douches de vapeur.

Si les douches chaudes sur le thorax jouent, à mon avis, un rôle important dans le traitement de l'asthme, un autre médecin attribue la prépondérance, dans la même maladie, aux effets de la douche nasale.

Douches nasales.

Depuis que les publications de Duplay, Voltolini, Fraënkel, Joal, etc..

ont mis en évidence l'influence des
polypes du nez, de l'épaississement
des cornets, de l'hyperexcitabilité de
la pituitaire sur les troubles de la
respiration, on a par trop généralisé
l'origine nasale, de l'asthme, et pour
atteindre le mal dans sa cause, souvent mal définie, on a fait de la douche nasale l'emploi le plus banal.
Comme si l'irrigation nasale était capable de détruire des polypes ou de
diminuer l'hypertrophie de la mu-
queuse !

Les insuccès de cette méthode,
quelques accidents observés après son
application, n'ont pas tardé à provoquer les protestations d'un grand
nombre de rhinologistes. On a accusé
la douche nasale de déterminer l'anos-
mie, des salpingites, des otites moyen-
nes, etc. ; elle est tombée en discrédit
auprès de beaucoup de malades et de
médecins.

La vérité est, je crois, dans un
juste milieu ; de la douche inventée

par Weber et introduite au Mont-
Dore par le docteur Alvin, on peut
dire :

.....Qu'elle n'avait mérité
Ni cet excès d'honneur, ni cette indignité.

Elle rend des services à la condition
d'être prise avec prudence et méthode,
dans l'ozène, les catarrhes secs du
nez, le catarrhe rétro-nasal, dans quelques cas de congestion et de sensibi-
lité exagérée de la pituitaire ; mais
gardons-nous d'en faire un spécifique
de l'asthme !

Les douches d'acide carbonique,
récemment préconisées par le docteur
Joal contre les névroses nasales, ne
soulèveront pas les mêmes critiques
que les précédentes et sont appelées
à un emploi souvent utile, et, il me
semble, toujours inoffensif.

Douches d'acide carbonique.

Je ne croirais pas, Messieurs, vous
avoir signalé toutes les ressources de
la thérapeutique thermale au Mont-
Dore, si je ne vous parlais pas de

Bains de pieds.

l'usage fréquent des bains de pieds qui est fait dans notre station. On leur attribue un effet révulsif, décongestif, dont beaucoup de malades, en dehors des jours froids, ne sentent nullement le besoin, et qui serait plus assuré avec une autre installation que celle offerte par l'Etablissement, surtout du côté des dames.

Excusez-moi, Messieurs, d'être entré dans d'aussi longs détails sur la cure mont-dorienne ; vous aviez droit, m'a-t-il semblé, à être informés du traitement suivi par les malades que vous nous envoyez. Je serai désormais plus bref en abordant les indications et les contre-indications de nos eaux, car, sur ce terrain, j'aurais mauvaise grâce à vouloir instruire des professeurs de pathologie, des membres de l'Académie de médecine, des praticiens rompus à toutes les difficultés de la médecine.

Indications du traitement. En parlant de ceux à qui convient la cure du Mont-Dore, je ne ferai que

vous rappeler ce que vous enseignez
ou pratiquez tous les jours, à repasser,
avec vous les cas des malades que
vous avez l'habitude d'envoyer à notre station.

Les premiers malades que nous ré-
clamons sont ceux qui présentent sim-
plement *de l'aptitude aux rhumes*. Ce
sont généralement des arthritiques ou
des lymphatiques chez qui le moindre
froid, la moindre humidité, ramènent
de la toux, avec ou sans fièvre, suivie
bientôt d'expectoration qui sont longtemps à disparaître. Adultes ou enfants, ces malades seront guéris dès
leur première saison, et subiront les
rigueurs de l'hiver suivant sans attein-
tes de leurs malaises habituels. Il
n'est pas besoin d'insister sur ce fait
que plus tôt ils auront recours à la cure
mont-dorienne, plus leurs bronches
seront faciles à guérir. Les enfants
supportent le traitement mieux que les
grandes personnes : les envoyer au
Mont-Dore dès que leur tendance aux

rhumes est constatée, c'est leur éviter
des souffrances, c'est assurer leur
avenir contre des accidents plus graves.

Les *bronchites* et *adénopathies
bronchiques* consécutives à la rougeole
et à la coqueluche amènent encore à
notre station une nombreuse population infantile qui accepte très facilement l'eau en boisson et les inhalations et en tire le plus grand profit.

L'influenza laisse dans les voies respiratoires des manifestations diverses
dont la cure thermale peut seule venir
à bout.

*Les pleurésies et les pneumonies
chroniques* sont souvent amendées ici
d'une façon rapide.

Le bronchitique chronique, quand
il ne guérit pas complètement, obtient
par les aspirations de vapeurs une
accalmie de sa toux, une modification
de son expectoration en qualité et en
quantité.

L'emphysémateux gagne chez nous
de l'ampleur respiratoire ; sa maladie

a chance de s'arrêter par l'immunité que le traitement lui fait acquérir contre les bronchites.

Mais c'est le traitement de *l'asthme* qui a fait de tout temps la réputation du Mont-Dore. Qu'il soit sec ou humide, que la dyspnée soit un réflexe partant du nez, du pharynx, de l'estomac ou de la peau, la sédation des centres nerveux par la médication mont-dorienne diminuera l'intensité et la fréquence des crises. L'asthme d'origine cardiaque ou rénale ne retire pas des résultats aussi avantageux du traitement thermal.

La variété d'asthme, surnommée *asthme ou rhume des foins*, hay-fever, rhino-bronchite spasmodique, dont le docteur Garel, de Lyon, a donné une étude si complète, est combattue ici avec succès comme l'ont démontré les publications des docteurs Emond et Joal : le terrain arthritique sur lequel elle se développe, aussi bien que les phénomènes spasmodiques et les troubles vaso-moteurs qui la caractérisent, sont modifiés par les diverses pratiques du Mont-Dore.

Les *rhinites*, les *pharyngites*, les *laryngites* catarrhales des arthritiques tirent de nos eaux le même bénéfice.

La *tuberculose pulmonaire* est une des maladies les plus fréquemment traitées au Mont-Dore. Les sujets qui en sont atteints obtiennent ici une ampliation respiratoire plus grande, un relèvement de l'appétit, des digestions plus faciles, la disparition des sueurs et de la fièvre, et, tandis que leur état général se remonte ainsi, les symptômes de toux et d'expectoration s'atténuent et disparaissent même.

Le lavage de leurs bronches par les vapeurs des salles d'aspiration réalise chez eux une asepsie que je ne crois pas étrangère à l'amélioration qu'ils ressentent.

A toutes les périodes de la tuberculose la cure mont-dorienne peut être efficace, tant que la cachexie n'est pas trop prononcée. Les malades sujets aux poussées congestives, aux hémoptysies, les fébricitants et les tuberculeux diabétiques, doivent en particulier y recourir.

La tuberculose laryngée, si l'infiltration n'est pas trop étendue, peut se traiter au Mont-Dore. Le regretté docteur Charazac, de Toulouse, citait notre station, avec celle de Royat, comme les seules qui, dans cette terrible affection, ne lui eussent pas donné de mécomptes et n'eussent pas aggravé le mal.

Le Mont-Dore, presque entièrement spécialisé aujourd'hui à la cure des maladies des voies respiratoires, a tenu longtemps sa réputation du traitement des *rhumatismes* et des *névralgies*. Il la mérite encore, et il suffit d'avoir fait le service de l'hôpital du Mont-Dore, toujours très fréquenté par les malades atteints de ces affections, pour être émerveillé de la résolution de vieilles arthrites, du retour des mouvements, de la cessation des douleurs par les bains et les douches du Mont-Dore. C'est le cas de rappeler que toutes les eaux chaudes et silicatées sont efficaces contre le rhumatisme.

Parmi les névralgies, la *sciatique* a droit à une mention particulière. Les bains hyperthermaux et les douches de vapeur paraissent avoir sur elle une action bienfaisante toute spéciale.

Chez les *chloro-anémiques*, l'altitude, le fer et les alcalins des eaux, l'hydrothérapie chaude ou froide, activeront la régénération, la prolifération des globules sanguins, relèveront la nutrition.

Contre-indications.

Le domaine thérapeutique du Mont-Dore est assez grand, Messieurs, pour que nous n'ayons pas à redouter de le restreindre. Aussi ne craignons-nous pas de parler des contre-indications de nos eaux. Il en est d'absolues, comme la cachexie des tuberculeux. Chez ces malades, quand la fièvre est devenue continue, la diarrhée rebelle, quand l'œdème apparaît aux jambes, aucun traitement thermal ne peut et ne doit être tenté. Il en est de même quand l'infiltration ou le ramollissement tuberculeux sont rapides.

L'artério-sclérose très prononcée, l'emphysème arrivé au point de laisser un champ respiratoire très restreint, se trouvent mal des effets de l'altitude.

J'en dirai autant des maladies du cœur dans lesquelles la compensation des altérations valvulaires ne se fait plus ; l'asystolie ne pourrait que s'accentuer ici.

Mais les endocardites chroniques ne sont pas par elles-mêmes une contre-indication absolue. Leur siége, leur origine, leur intensité, les troubles qu'elles déterminent , autorisent ou interdisent, suivant les cas, la cure thermale. Je ne conseille pas, en général, le traitement du Mont-Dore, où

la thermalité de la médication externe
joue un si grand rôle, aux malades
atteints d'insuffisance aortique ; j'aurais peur pour eux de la mort subite, ou
d'angoisse avec tendance à la syncope.
En revanche, je n'ai jamais vu aucun
accident survenir par le fait du traitement chez des rhumatisants porteurs
d'une lésion mitrale compensée ou de
rétrécissement aortique : plusieurs
d'entre eux sont même partis amé-
liorés.

Lorsque, sous l'excès de la tension
veineuse déterminée par les congestions pulmonaires, le cœur s'épuise et
se dilate, le traitement du Mont-Dore,
en écartant les obstacles apportés à la
circulation pulmonaire, fournit un
allègement à la fibre musculaire cardiaque fatiguée.

Si, au contraire, la congestion pulmonaire provient du cœur, je n'ai
jamais constaté de résultats avanta-
tageux de la cure.

Cette question très importante des

cardiopathies aux eaux minérales, qui
a été soulevée, je crois, pour la première
fois à Vichy par mon père, mériterait
d'être traitée avec plus de détails.
Les limites de cette causerie ne m'ont
permis de vous en tracer que les grandes lignes.

Mon opinion n'est pas absolument
faite sur l'opportunité du traitement
chez les *albuminuriques* ; cependant,
les résultats obtenus par quelques
brightiques ne semblent pas encoura-
geants.

Les *femmes enceintes* peuvent-elles
suivre une cure thermale ? Dans sa
thèse inaugurale, mon frère, le Dr G.
Nicolas (de Vichy), a répondu affirma-
tivement en fixant entre le troisième
et le septième mois de la gestation
l'époque pendant laquelle les pratiques
hydriatiques pouvaient être employées.
Les eaux purgatives, les eaux sulfureuses, les eaux chlorurées sodiques
fortes pourraient favoriser l'avorte-
ment : le Mont-Dore n'entre pas dans

cette catégorie, et j'ai publié, en 1884, des observations de femmes enceintes qui, soignées avec ménagement, c'est-à-dire soumises uniquement à l'eau en boisson et aux inhalations, ressentirent de leur cure des bienfaits qui, par l'intermédiaire des mères, ont dû s'étendre jusqu'aux enfants.

J'ai fini, Messieurs. Laissez-moi vous remercier de votre bienveillante attention dont j'ai peut-être abusé. Je serais heureux si, de cette conférence, vous emportiez cette impression que l'eau du Mont-Dore est au moins égale, sinon supérieure, par son activité et par la variété de son administration, aux eaux plus fortement minéralisées.

Qu'il s'agisse de cuirasser l'organisme débile ou de démolir dans leurs retranchements l'asthme, la tuberculose, les bronchites, l'eau du Mont-Dore est la meilleure arme défensive ou offensive, non pas cassante comme la fonte, mais dure et élastique comme l'acier.

www.ingramcontent.com/pod-product-compliance
Lightning Source LLC
Chambersburg PA
CBHW050540210326
41520CB00012B/2659